1

Dello stesso autore:

Sul concetto di sincronicità: Jung tra psicanalisi e quantismo.

CreateSpace Publishing, Seattle 2014
ISBN-10: 1500666378
ISBN-13: 978-1500666378
ASIN: B00HGQ63ES
Copyright, Lucio Giuliodori 2014.
www.luciogiuliodori.net

Lucio Giuliodori

Tra fisica e metafisica: alcune implicazioni filosofiche della meccanica quantistica

INDICE

Perché la mia non è una scienza come le altre:
essa non si può in alcun modo comunicare.

Platone.

1. Dalla filosofia ermetica alla meccanica quantistica.

Franco Battiato, in collaborazione col filosofo Manlio Sgalambro, ha da poco realizzato un'opera lirica dedicata al pensatore rinascimentale italiano Bernardino Telesio. L'opera è stata presentata al pubblico sotto forma di ologrammi: «Raccontano i testimoni presenti alla rappresentazione di Cosenza che il pubblico ha creduto di avere sul palco i cantanti, l'attore Giulio Brogi ed i ballerini in carne ed ossa, illuso dall'incredibile efficacia degli ologrammi»[1]. Il pubblico cioè ha scambiato per realtà vera ciò che era soltanto un ologramma, pensato a priori nella mente del raffinato artista siciliano, da sempre incline a una riflessione affine a filosofie perenni.

Ma cos'è un ologramma? Il fisico David Bohm fu il primo a parlarne: «La relatività e la teoria quantistica implicano una totalità divisa, in cui l'analisi in parti distinte ben definite non è più rilevante. C'è uno strumento che riesce –

---

[1]   Dal   sito   del   cantante   siciliano: http://www.battiato.it/?cat=6

invece – a darci una certa percezione immediata del significato di questa totalità, così come esperimenti con una lente ci forniscono dati di un sistema in parti distinte... una percezione del genere è possibile considerando l'ologramma (il nome deriva dal greco *holos*, che significa «tutto» o «intero», e *gram* che significa «scrivere». L'ologramma è perciò uno strumento che, per così dire, «scrive l'intero»)[2]». Già Platone asseriva qualcosa di molto simile:

> «Dice il Timeo (41 d) che in un cratere furono gettati i semi di tutte le cose e ogni anima li contiene tutti quanti: è come quel cratere; essendo una mescolanza di tutto, essa è in grado di riconoscere ogni cosa mercé un'intima affinità, sperimenta una vita onniforme. Con ciascuna forza della natura le è dato di immedesimarsi, non già per ragionamenti o per sforzi violenti, ma con un movimento simile, dice Platone, al crescere del pelo o dei denti, con un granire quasi inconscio»[3].

Bohm per un periodo collaborò a stretto contatto con il celebre neurofisiologo Karl

[2] D. BOHM, *Universo, mente, materia*, Red edizioni, Como, 1996, p. 200
[3] E. ZOLLA, *Auree*, Marsilio, Venezia 1995, p. 49.

Pribram. I due scienziati lavorarono insieme condividendo la validità del modello olografico e Pribram lo propose per i suoi studi sul cervello, sostenendo che esso poteva fornire la spiegazione più valida riguardo alla catalogabilità dei ricordi e dunque, di fatto, alla loro non località[4].

In sostanza, quello che oggi sostengono molti scienziati, proseguendo il coraggioso lavoro cominciato da David Bohm, è che la realtà che

---

[4] A tale proposito, per ciò che concerne l'affinità di certi aspetti del quantismo con la filosofia ermetica del Rinascimento, sarebbe interessante valutare un'ipotesi di studio riguardante un parallelismo tra questa concezione della memoria e le celebri tecniche di Bruno. Quelle del Nolano infatti non erano solo tecniche di potenziamento mnemonico ma veri e propri strumenti operativi di trasmutazione del reale, micro e macrocosmico, ossia trasformare l'individuo per trasformare l'intera realtà: «Bruno non intende solo potenziare il muscolo mnemonico, vuole mutare il cosmo. Ovvero – lo ribadiamo ancora - modificare la struttura stessa della mente di ogni iniziato e quindi, attraverso di esso, il mondo, tramite l'interdipendenza micro-macrocosmo, cioè mente-universo. Questa è l'opera del «suo» ermetismo, modificare l'uomo nella mente, mutarne l'intima essenza e quindi, attraverso lui-uomo-nuovo, rivoluzionare il mondo». G. LA PORTA, *Giordano Bruno. Vita e avventure di un pericoloso maestro del pensiero*, Bompiani, Bologna 2001, p. 195.
Cfr. K. PRIBRAM, *I linguaggi del cervello*, Franco Angeli, Roma 1980.

noi esperiamo tutti i giorni, che ci sembra vera e concreta, in realtà non è che un *mero* ologramma. Come ebbe a dire Elémire Zolla in *Verità segrete esposte in evidenza*: «Non è dato dimostrare una differenza tra la percezione della realtà e un'allucinazione collettiva costante e durevole: sono infatti la stessa cosa»[5]. Ovviamente questa concezione della realtà sembra a prima vista sconvolgente e assurda, addirittura ridicola. C'è però un altro lato della questione che risulta addirittura più sconvolgente, assurdo e tutt'altro che ridicolo: questa visione del mondo è supportata e convalidata da esperimenti reali, da anni e anni di ricerche in laboratorio effettuate dalle più grandi menti della fisica contemporanea, come i Premi Nobel Albert Einstein, Wolfgang Pauli, Max Planck (che ha ideato il concetto di quanto di energia), Louis De Broglie, Richard P. Feynman, Werner Heisenberg, Paul Dirac, J. Von Neumann e, ovviamente Setphen Hawking.

Questi in realtà sono solo alcuni dei moltissimi nomi celebri legati al quantismo, ma ora per un attimo torniamo all'opera lirica: perché Battiato ha accostato gli ologrammi, con evidente rimando a David Bohm, creatore

---

[5] E. ZOLLA, *Verità segrete esposte in evidenza*, Marsilio, Venezia 1990, p. 159.

della teoria dell'universo olografico, alla filosofia rinascimentale italiana?

«Il pensiero ermetico aveva stabilito l'interrelazione e l'interconnessione fra tutte le cose, di modo che se in un punto del tessuto della realtà viene tirato un filo, in un altro punto un filo si tende o si allenta. La fisica nucleare, se non altro, ha confermato la validità di questo principio e ha tradotto la teoria in pratica. [...] All'inizio di questo secolo la biologia, la chimica e la fisica si presentavano come tre discipline autonome e separate [...] Quando furono istituite, queste discipline vennero salutate come innovative e rivoluzionarie, mentre invece esse non sono altro che l'espressione della realtà globale propugnata da Agrippa e Paracelso. Esprimono un'unità che esisteva molto prima che il processo di analisi creasse una distinzione artificiale fra le sue componenti. In realtà la biologia, la chimica e la fisica sono sempre state interconnesse e la scienza cartesiana ha commesso un errore presumendo che fossero separate»[6].

«Tutto è Uno» dunque, ma cosa significa questo *concretamente*? Per i filosofi ermetici

---

[6] M. BAIGENT – R. LEIGH, *L'elisir e la pietra. La grande storia della magia,* tr. it. di S. Lalia, Il saggiatore, Milano 2003, pp. 268,9.

15

rinascimentali l'universo era concepito come un grande organismo animato, vivificato da un principio, l'*anima mundi*, in virtù del quale ogni cosa era sostanziata da un'energia spirituale e occulta. In tale prospettiva soggetto e oggetto si scambiano le parti, poiché ogni cosa (in quanto animata dall'*anima mundi*) è sia oggetto che soggetto del reale. Le analogie con la fisica di Bohm sono lapalissiane; per non parlare della realtà implicata ed esplicata in Cusano (*complicatio* ed *esplicatio*), Bohm usa addirittura gli stessi termini: ordine implicito e ordine esplicito.

Va considerato che affermare l'illusorietà del reale è tutt'altro che novità eclatante, poiché per quanto assurda e paradossale tale affermazione suoni, essa è assolutamente in linea con quanto da sempre i vari pensatori tradizionali hanno affermato. Dal pensiero gnostico all'induismo, dai suddetti magi rinascimentali ai teosofi, fino ad arrivare al Novecento con i più celebri tradizionalisti quali Schuon, Guénon, Evola e Cooramaswamy. La lista in realtà sarebbe ancora lunga ma ciò che preme sottolineare è che il filo rosso che lega tutti questi autori, tutte queste correnti di pensiero metafisico, trova nelle attuali scoperte della meccanica quantistica una sconvolgente conferma.

Macrocosmo e microcosmo si compenetrano e l'individuo non è una semplice comparsa ma un protagonista effettivo, fondamentale di questa compenetrazione: egli è soggetto e oggetto di questa realtà; essendone parte fondante e intimamente integrante, mutando lui muta anche essa. E' l'*homo faber* rinascimentale in sostanza, il *magus*, l'artefice del proprio destino, l'«uomo-dio» di cui parlava sia la tradizione orientale che quella occidentale:

> «Per progressive emanazioni le idee divine penetrano nelle forme materiali attraverso lo spirito mundi, sino alle più minute particelle. La natura è così divinizzata, quale indispensabile complemento delle divinità.
> Dio infinito non può essere separato dai diversi mondi infiniti di cui è causa e forza animatrice.
> L'uomo è parte essenziale della natura e la presenza del divino in essa si traduce ineluttabilmente in presenza del divino nell'umano, manifestantesi in quell'eroico furore, in sé sforzo incessante, mai esausto, mai appagato di ricerca della verità»[7].

Francesco Pullia nel suo articolo sull'affinità del pensiero bruniano con le filosofie orientali

---

[7] G. LA PORTA, cit. p. 124.

e di fatto l'affinità di entrambi con la meccanica quantistica, afferma:

«L'uomo non è un soggetto separato dalla natura e dal divino ma è, per sua essenza, natura e divinità, non è più al centro del cosmo dal momento che ogni cosa è composta della stessa materia vivente, della stessa energia: non c'è nulla di nostro, afferma il filosofo, che ci diventi estraneo e nulla di estraneo che non diventi nostro. [...] Non si può non notare tra l'altro come questa interrelazione olistica, inalterata per millenni, venga, di fatto, a caratterizzare il nucleo portante dell'orizzonte cognitivo della modernità da Einstein sino agli esiti contemporanei di Fritiof Capra, Humberto Maturana, Francisco Varela, Gregory Bateson»[8].

Ciò che gli antichi avevano intuito - o probabilmente sperimentato perfino se pensiamo al ruolo della magia nel Rinascimento[9] - viene oggi dimostrato in

---

[8] F. PULLIA, *Giordano Bruno tra Oriente e Occidente*, in "Testimone dell'infinito. Giordano Bruno 1600-2000", Atti del Convegno Perugia-Terni, Ali&No Editrice, Perugia 2004, p. 75.
[9] «This world of the second century was, however, seeking intensively for knowledge of reality, for an answer to its problems which the normal education

laboratorio. Questo di fatto proietta il quantismo in una collocazione culturale di primissimo piano e impone una seria riflessione e un profondissimo studio che probabilmente rivoluzionerà a breve il nostro modo di fare filosofia ma anche il nostro modo di vivere la vita di tutti i giorni.

Questa rivoluzione sta investendo i vari settori del sapere, scissi in seguito al cartesianesimo e a tutta la concezione materialistica della modernità che ha diviso un reale che era *già* unito: «E' da Cartesio che in misura maggiore deriva la *forma mentis* che ha modellato il mondo moderno. Il pensiero cartesiano era destinato ad attuare nel mondo occidentale una rivoluzione altrettanto profonda di quella realizzata dal Rinascimento, rivoluzione che avrebbe portato all'Illuminismo, altrimenti detto «Età della ragione»[10]. (La visione ermetica del

---

failed to give. It turned to other ways of seeking an answer, intuitive, mystical, magical». F. YATES, *Giordano Bruno and the Hermetic Tradition*, Routledge and Kegan Paul, London 1964, p. 4.
Si veda anche M. DONA', *Magia e filosofia*, Bompiani, Milano 2004.
[10] M. BAIGENT – R. LEIGH, cit., p. 247.
La stessa psicologia non è esente da questa frammentazione anche se uno spiraglio di ricomposizione a detta di Assagioli esiste ed è possibile

reale, nel periodo del «trionfo» razionalista, trovò poi rifugio nell'arte, pensiamo a William Blake).

La filosofia *implicata* dalla nuova fisica reclama un ruolo di importanza radicale, quasi senza precedenti probabilmente, in quanto essa stravolge completamente *anche* la sfera pragmatica della nostra esistenza. Tornano alla mente le parole di Sgalambro: «Una filosofia che non fa dimenticare tutte le altre non vale niente»[11]. Questa filosofia probabilmente l'abbiamo oggi trovata: è la

---

individuarlo nella sua scuola di psicosintesi. Se quattro sono le forze attualmente riconosciute, il comportamentismo, la psicanalisi, la psicologia esistenziale-umanistica e la psicologia transpersonale, «nei suoi scritti Assagioli aggiunge alle prime quattro una quinta forza chiamata *psicoenergetica*, espressione in psicologia del cambiamento di paradigma che stava avvenendo nel campo scientifico in seguito alla rivoluzionaria portata delle nuove scoperte della fisica quantistica. Il padre della psicosintesi riteneva che queste scoperte avrebbero aperto la via ad una nuova visione del mondo e dell'uomo, nella quale le grandi verità – asserite da tutte le tradizioni sacre nel corso dei millenni – sarebbero state finalmente considerate senza pregiudizi e riconosciute depositarie di preziose intuizioni ed indicazioni per lo sviluppo futuro dell'umanità»· P. GUGGISBERG NOCELLI, *La via della psicosintesi*, L'Uomo Edizioni, Firenze 2011, pp. 95,6.

[11] M. SGALAMBRO, *Anatol*, Adelphi, Milano 1990, p. 22.

riflessione che consegue dagli assunti fondamentali della meccanica quantistica.

Questo breve saggio intende esporre le linee generali di alcune tra le molteplici implicazioni filosofiche conseguenti a quella che potremmo definire una vera e propria rivoluzione culturale, la rivoluzione della «meta-fisica quantistica», nei termini in cui la espose il celebre fisico David Bohm.

Una generazione che ha avuto il coraggio di sbarazzarsi di Dio, di fare a pezzi lo Stato e la Chiesa, di rovesciare la società e la moralità, si inchinava ancora di fronte alla Scienza.

August Strindberg

2. Esperimenti, paradossi e teoremi: introduzione alla non località.

Ai fini di perseguire gli obiettivi preposti dal saggio è bene introdurre brevemente come e perché si è sviluppato il sentiero (pericoloso) intrapreso da alcuni fisici coraggiosi (pensiamo a Bell, Aspect, Pauli, Pribram e Bohm solo per citarne alcuni), il cui genio e la cui apertura mentale, ha costituito uno spartiacque determinante per lo sviluppo della meccanica quantistica. Tra i vari «guerrieri» della conoscenza un posto di rilievo spetta sicuramente al temerario fisico americano David Bohm.

Secondo Bohm la fisica si è sempre preoccupata più dell'aspetto formale che di quello contenutistico, mirando cioè più alla soluzione dei problemi che (anche) alla loro reale comprensione.

Per la concezione del mondo bohomiana la verità non è *solo* matematica, come afferma lo stesso fisico: «Oggi l'essenza della fisica viene considerata essenzialmente quella matematica. Si sente che la verità è nelle formule. Oggi i miei colleghi sperano di trovare un algoritmo per mezzo del quale contano di spiegare un ampio spettro di risultati sperimentali, ma esso avrà ancora delle incoerenze»[12].

Pur essendo fondamentale, la formalizzazione matematica della fisica non è abbastanza se essa non è supportata dall'intuizione e dalla creatività[13] .

David Bohm non accontentandosi di una descrizione deterministica dell'universo, com'era quella fornita dalla relatività einsteiniana, al cui interno *giacevano* stantii elementi newtoniani, col suo anelito meta-fisico abbatte *implicitamente* gli argini e le barriere tra scienza e filosofia: la descrizione e la costruzione della realtà che lui cercava, e via via trovava, era ineluttabilmente filosofica, addirittura «spirituale»[14].

Dalle parole dello stesso scienziato:

---

[12] Citato in M. TEODORANI, *David Bohm. La fisica dell'infinito*, Macroedizioni, Cesena 2006.

[13] Cfr: D. BOHM, *On creativity*, Routledge, New York 1996.

[14] Oltre che spirituale la cosmologia di Bohm era scomoda. Scomoda agli occhi del mondo accademico che lo circondava, ostacolante e screditante, certamente non ancora pronto per evidenze la cui assurdità è più consona alla letteratura che alla fisica. Per certi versi il percorso dello scienziato americano ricorda quello di Tesla in quanto la genialità oltre che meraviglia suscita spesso invidia e risentimento.

«Le particelle vanno concepite come certi tipi di astrazioni in seno al campo totale, corrispondenti a regioni dove il campo è molto intenso (dette «singolarità»). Man mano che ci allontaniamo dalla singolarità il campo si affievolisce, fino a fondersi impercettibilmente con altre singolarità, ma senza fratture e divisioni. Perciò l'idea classica di un mondo separabile in parti distinte interagenti non è più valido o rilevante. Dobbiamo invece considerare l'universo come *un tutto indiviso e senza fratture.* Giungiamo così a un ordine radicalmente diverso da quello di Galileo e Newton: l'ordine della *totalità indivisa*». [15]

Prima che Bohm desse la spallata decisiva all'archittettura apparentemente salda della teoria classica della meccanica quantistica, essa poggiava sulle basi del Principio di Indeterminazione di Heisenberg, secondo il quale non è possibile determinare la traiettoria di una particella elementare come l'elettrone dal momento che non si può conoscerne simultaneamente ad ogni istante la sua posizione e la sua velocità. A differenza della traiettoria di un proiettile in moto rettilineo e uniforme che si muove lungo un

---

[15] D. BOHM, *Universo, mente, materia*, Red edizioni, Como, 1996, p. 176.

percorso che risulta facilmente prevedibile dal determinismo della meccanica newtoniana, la traiettoria di un elettrone (o qualunque altra particella sub-atomica) invece, non può essere determinata con certezza in quanto sfugge ad ogni calcolo eseguito nel campo della fisica classica di Newton, e la previsione del suo moto deve entrare inevitabilmente nel campo statistico delle probabilità.

A tale riguardo diventa necessario introdurre una particolare funzione matematica chiamata «funzione d'onda», necessaria per indicare i possibili stati quantici dove esso può trovarsi.

Perché si parla di probabilità? Perché il processo di misurazione delle particelle in laboratorio perturba lo stato delle particelle stesse. Ecco la grande, sconvolgente novità della meccanica quantistica: l'osservatore influenza l'osservato, il soggetto influenza l'oggetto.

Nel momento della misurazione la particella è situata in un luogo specifico, quello misurato appunto, il quale non può che essere diverso prima e dopo la suddetta misurazione in quanto come si è visto è proprio l'atto «esterno» della misurazione a determinarne la spazialità. Il problema dunque nasce da sé: tra una misurazione e l'altra la particella si trova in una sovrapposizione di onde di probabilità, il che equivale a dire che essa è potenzialmente presente in diversi luoghi simultaneamente.

«Qualunque tentativo di analisi, inteso nel modo proprio della fisica classica, dell'"individualità" dei processi atomici, risulterebbe frustrato, in quanto condizionato dal quanto d'azione, dall'ineliminabile interazione tra gli oggetti atomici in studio e gli indispensabili strumenti di misura. [...] Tale punto di vista non equivale però ad una rinuncia arbitraria dell'analisi dei fenomeni atomici, ma è al contrario l'espressione di una sintesi razionale del complesso di esperienze in questo dominio, che si estende oltre i limiti entro cui l' applicazione del concetto di causalità è naturalmente confinato»[16].

Il momento della misurazione in sostanza favorisce un collasso della particella in uno spazio determinato, cioè localizzato, e tale localizzazione, secondo il modello classico, è assolutamente casuale e ogni altra misurazione comporta ulteriori collassi altrettanto casuali e misteriosi. Erwin Schrödinger offre un'interessante possibilità di comprensione intuitiva che getta luce su

---

[16] *Ibidem.*

come agisce e interagisce l'osservatore con l'osservato nell'ambito del collasso delle probabilità della funzione d'onda; si tratta del celebre «paradosso del gatto di Schrödinger».

«Si possono anche costruire casi del tutto burleschi. Si rinchiuda un gatto in una scatola d'acciaio insieme alla seguente macchina infernale (che occorre proteggere dalla possibilità d'essere afferrata direttamente dal gatto): in un contatore Geiger si trova una minuscola porzione di sostanza radioattiva, così poca che nel corso di un'ora forse uno dei suoi atomi si disintegrerà, ma anche, in modo parimenti probabile, nessuno; se l'evento si verifica il contatore lo segnala e aziona un relais di un martelletto che rompe una fiala con del cianuro. Dopo avere lasciato indisturbato questo intero sistema per un'ora, si direbbe che il gatto è ancora vivo se nel frattempo nessun atomo si fosse disintegrato, mentre la prima disintegrazione atomica lo avrebbe avvelenato. La funzione Ψ dell'intero sistema porta ad affermare che in essa il gatto vivo e il gatto morto non sono stati puri, ma miscelati con uguale peso»[17].

---

[17] N. BOHR, *I quanti e la vita*, Bollati Boringhieri , tr. it. di Pyoung. Gulmanelli, Torino, 1965, p. 43.

Dopo un certo periodo di tempo il gatto ha la stessa probabilità di essere morto quanto l'atomo di essere decaduto. Visto che fino al momento dell'osservazione l'atomo esiste nei due stati sovrapposti, anche il gatto resta sia vivo sia morto fino a quando non si apre la scatola, ossia non si compie un'osservazione. Cioè finché il gatto è dentro la scatola noi non sappiamo se muore o meno, l'unica cosa che sappiamo è che esiste una sovrapposizione di stati in cui il gatto è sia vivo che morto. L'atto dell'apertura della scatola equivale a quello della misura in quanto fa collassare tutte le possibilità in una sola: la misurazione distrugge la sovrapposizione trasformando di fatto una possibilità in realtà.

In sostanza una particella elementare possiede la capacità di collocarsi in diverse posizioni e anche di esser dotata di quantità d'energia diverse al medesimo istante. Per quanto assurde, tali inusuali proprietà della materia e dell'energia corrispondono alla realtà del mondo dei quanti. Le particelle subatomiche sono delocalizzate nello spazio e nel moto, per cui, fra un'osservazione e l'altra, si comportano come se stessero in più luoghi contemporaneamente. Solo quando una particella delocalizzata viene osservata con un esperimento che, inevitabilmente, ne modifica il livello energetico, la quantità di moto e la posizione, essa viene individuata con determinati valori delle proprie variabili tra i vari possibili.

Il fisico tedesco Pascual Jordan così sintetizza: «Non solo le osservazioni disturbano ciò che deve essere misurato, ma esse lo producono... Noi costringiamo un elettrone ad assumere una posizione definita... Ma siamo noi stessi che produciamo i risultati della misurazione»[18].

Questo significa che ciò che sappiamo prima della misurazione riguardo a una particella non è un'informazione attendibile ma solo una probabilità, in altri termini sembra che non possiamo avere una visione dello stato di cose per quello che realmente sono, possiamo sapere come esse sono *solo se ne veniamo coinvolti*. Non sussiste più separazione o dualismo tra un soggetto osservatore e un dato osservato.

Se nel 1800 il fisico Thomas Young dimostrò che la luce era composta di onde, ovvero pura energia, nel 1905 Einstein dimostrò altrettanto rigorosamente che la luce era composta di particelle, ovvero pura materia. Non restava dedurre che entrambe le qualità erano

---

[18] Citato in M. TEODORANI, *Entanglement*, Macroedizioni, Cesena 2007, p. 9.

ugualmente presenti nella luce e l'emergere dell'una a discapito dell'altra dipendeva solo dall'esperimento che si eseguiva.

Alla luce delle conoscenze attuali l'esperimento di Young si rivela ancora più determinante ed esplicativo riguardo alla dualità della luce. Approfondiamone la procedura.

Si supponga di porre una sorgente di luce monocromatica dietro uno schermo sul quale sono presenti due fenditure. Se ne chiudiamo una, la luce non può che passare attraverso una sola di esse, formando per intenderci una striscia di luce di uguale forma alla fenditura stessa nella realtà che va ad impattare. In questo caso la luce esprime una natura corpuscolare. Se noi invece teniamo aperte entrambe le fenditure la luce palesa una natura ondulatoria, creando dei fasci di interferenza che si intersecano fra loro (come se per esempio immaginassimo di tirare due sassi in uno stagno: le onde create dagli stessi si sovrappongono). Ai tempi di Young non si avevano le conoscenze necessarie per andare oltre e lì ci si fermò, anche perché l'intento stesso dell'esperimento era solo quello di dimostrare la natura ondulatoria della luce - solo in seguito studiando i fasci d' interferenza si è visto che la luce non aveva solo una natura ondulatoria, ma anche corpuscolare.

Il fotone è realmente in due posti allo stesso momento, non solo, il fotone sembra *sapere* in quale preciso momento «sdoppiarsi».

Tutto ciò urta violentemente con la concezione meccanicista della realtà, contraddicendo il principio di causalità per favorirne uno di *sincronicità* [19].

Negli anni Settanta e Ottanta si è arrivati a comprendere che tale comportamento assurdo non è prerogativa solo dei fotoni ma anche di particelle di materia come gli elettroni e i neutroni. Come afferma Massimo Teodorani: «Viene anche da pensare a una specie di "intelligenza" delle particelle, dal momento che quando la particella attraversa simultaneamente entrambe le fenditure sembra avere perfetta coscienza del passato e del futuro al fine di creare poi la corretta figura di interferenza»[20]. Nell'istante di tale

---

[19] Jung e Pauli approfondirono questo tema, a proposito del quale rimando al mio saggio *Sul concetto di sincronicità: Jung tra psicanalisi e quantismo* nel volume collettivo «Schegge di Filosofia Contemporanea», Decomporre, Gaeta 2014, oppure pubblicato singolarmente con CS Publishing, Seattle 2014, acquistabile su Amazon.com.

[20] M. TEODORANI, *Entanglement*, cit., p. 16.

creazione esse solidificano la loro energia in materia particellare.

Lo scienziato cesenate sintetizza la spiazzante assurdità delle implicazioni filosofiche che tali scoperte ineluttabilmente sollevano:

«Possiamo solo prendere atto che questo fenomeno manda in pezzi tutte le concezioni della realtà che ci siamo costruiti per spiegare il mondo in cui viviamo. Ma la meccanica quantistica ci dimostra che la fisica non serve solo per descrivere il mondo della nostra esperienza sensoriale ma anche per penetrare nei meandri di un mondo a noi invisibile, il quale sembra reggere da solo la struttura della realtà per intero. Le nozioni di realtà che ci siamo costruiti in qualche secolo di scienza galileiana si sono totalmente consolidate a livello della nostra psiche e a livello di un comune consenso collettivo, che perfino Albert Einstein nel secolo scorso si era lasciato condizionare dal senso comune, al punto tale che per tutta la vita ritenne che la meccanica quantistica [...] non fosse una teoria completa. Secondo Einstein dovevano per forza esistere delle variabili nascoste con cui si potesse dispiegare in maniera causale e non sincronica – come invece appariva – la reale struttura della meccanica quantistica»[21].

---

[21] *Ivi*, pp. 17, 18.

Ai tempi di Einstein nessuno poteva accettare che l'idea generale che ci si era fatti dell'universo e del suo funzionamento era totalmente inadeguata, nemmeno lo stesso celebre scienziato tedesco, il quale, insieme ai suoi due collaboratori Rosen e Podolski, si pose due semplici ma determinati quesiti, che in realtà erano due alternative (le quali poi addirittura, inaspettatamente, si sarebbero autoescluse): o esistono delle variabili nascoste non ancora scoperte che impediscono di concepire la meccanica quantistica come teoria deterministica oppure la teoria della relatività col suo limite finito della velocità della luce, viene fortemente mesa in discussione.

Da queste riflessioni nacque il famoso esperimento mentale messo a punto dai tre scienziati che, menzionando le loro iniziali, prese il nome di «Paradosso EPR». Tale esperimento è particolarmente importante perché fu poi preso in esame dal fisico irlandese John Bell che nel 1964 ne formulò un teorema (il teorema di Bell), riproposto poi dalla stessa fisica bohomiana e infine convalidato dal fisico Alain Aspect nel 1982 con un esperimento che non lasciava dubbi riguardo alla reale non località della comunicazione particellare[22].

Il teorema di Bell è di importanza fondamentale perché dimostra rigorosamente come dal punto di vista matematico le presunte variabili nascoste sperate da Einstein sono fuori discussione: *la meccanica quantistica è una teoria assolutamente autonoma che poggia su basi sincroniche e non causali.*

Come afferma Davies: «Negli anni sessanta il fisico John Bell riuscì a dimostrare che il grado di cooperazione tra sistemi separati e distinti non può superare un certo limite se si ipotizza, con Einstein, che i frammenti esistono in modo ben definito prima dell'osservazione, se invece si segue la teoria dei quanti, questo limite non esiste. Ci voleva un esperimento per risolvere la questione»[23].

Ma per capire come si è arrivati a questo è necessario soffermarsi sullo stesso esperimento.

Il paradosso EPR prende in considerazione una semplice particella elementare come

---

[22] Cfr. A. ASPECT, Introduction to J. S. BELL, *Speakable and Unspeakable in Quantum Mechanics (Collected Papers on Quantum Philosophy)*, Cambridge University Press, Cambridge 1987.

[23] P. DAVIES, *Dio e la nuova fisica*, tr. it. di M. Paggi, Mondadori , Milano, 1983, p. 150.

l'elettrone non dotata di spin[24]. Se si divide tale particella in due parti, una deve necessariamente avere spin pari a + ½ e l'altra spin pari a - ½ . Questo è inevitabile per garantire la legge di conservazione dello spin la quale per somma deve dare zero – nel momento in cui si ricongiungessero le particelle. Ora, se noi lanciamo le due particelle a distanze enormi e modifichiamo lo spin di una delle due, ai fini di garantire la legge di conservazione, l'altra particella deve necessariamente modificare *istantaneamente* il suo spin. Questa modifica immediata però se da un lato salvaguarda la somma degli spin che deve essere zero, dall'altra viola clamorosamente la teoria della relatività che afferma che un segnale non può viaggiare a una velocità superiore a quella della luce.

In sintesi l'immediato cambiamento di spin della seconda particella è a tutti gli effetti un evento non locale totalmente non previsto dalla fisica classica; in parole ancora più

---

[24] Lo spin è il «momento angolare intrinseco dell'elettrone e di ogni altra particella. Nei sistemi quantistici esso è quantizzato e può assumere solo valori prestabiliti. Nel caso degli elettroni questo valore è ½ e può assumere valori positivi e negativi». M. TEODORANI, *Sincronicità. Il legame tra Fisica e Psiche da Pauli e Jung a Chopra*, Macroedizioni, Cesena 2006, p. 140.

semplici: *la fisica classica non può spiegare questo fenomeno.*

Nasce l'impellente necessità di una nuova fisica, di un nuovo linguaggio, di una nuova visione del mondo. Ed ecco allora le conseguenze filosofiche che la scienza del Ventunesimo secolo pone e impone, una scienza in cui il ruolo dello scienziato non si limita più semplicemente allo studio di una realtà a lui esterna quanto piuttosto alla partecipazione della stessa o addirittura, clamorosamente, alla creazione della stessa: «Lo stesso grande fisico teorico John Archibald Wheeler, nella seconda parte della sua vita (dopo studi canonici di relatività, meccanica quantistica, buchi neri
e cosmologia) si è reso conto che l'universo appare essere fatto di "Bit" di informazione piuttosto che di Bit di materia e di energia. Wheeler ha allora proposto che noi viviamo in un "universo partecipatorio" in cui noi – il nostro atto di fare domande sulla Natura – partecipiamo alla creazione del mondo osservato»[25].

In un contesto simile arte e scienza si intrecciano, esse stesse diventano *entangled* in una prospettiva in cui la creazione si fonde e

---

[25] *Ivi*, pp. 34,5.

si confonde con lo studio, il fare filosofia con il fare scienza, l'essere umani con l'essere *artisti*, ossia *artefici* della stessa realtà percepita[26].

A tale proposito i richiami con l'ermetismo diventano palesi e pertinenti ai fini di una proposta filosofica integrale e interdisciplinare.

Nella filosofia ermetica che affermava l'affinità di macrocosmo e microcosmo, il processo della creazione del mondo e quello della creazione di sé potevano essere associati,

---

[26] Purtuttavia va sottolineato che esiste a tutt'oggi una discussione accesissima su come e, soprattutto, se si può o no accomunare lo stato dell'elettrone a quello di un corpo esteso come per esempio un tavolo o... un essere umano. Questo il grande affascinante problema con cui gli scienziati di oggi sono chiamati a confrontarsi. Due elettroni possono essere *entangled* certamente, ma due esseri umani? Un elettrone è una particella elementare praticamente senza massa e può sfiorare la velocità della luce, ma un corpo umano può fare lo stesso? Si può delocalizzare? La fisica del XXI secolo (non quella del paradosso EPR che è dei primi del Novecento) ancora non riesce a porre una risposta definitiva a tale quesito il quale per ora trova riscontri e riferimenti solo nell'ambito delle tradizioni mistiche ed iniziatiche – la bilocazione è un fenomeno ampiamente documentato sia nella storia della mistica orientale che occidentale. A tale proposito si veda: E. ZOLLA, *I mistici dell'Occidente*, Adelphi, Milano 1997; M. ELIADE, *Trattato di storia delle religioni*, Bollati Boringhieri, Torino 2008.

l'atto demiurgico infatti perteneva ad entrambi gli eventi creativi. Nell'opera *La tradizione ermetica*, Julius Evola afferma: «*Il processo della creazione e quello con cui, mediante l'Arte, l'uomo reintegra se stesso, seguono una stessa via ed hanno uno stesso significato*»[27].

La creazione è dunque possibile, è alla portata dell'uomo anche se di certo non l'uomo comune ma un uomo consapevole, un «risvegliato»:

«Per rendersi conto di questo insegnamento, bisogna evidentemente sorpassare l'idea della creazione come un fatto storico esauritosi nel passato, spaziale e temporale; bisogna concepirla in funzione di uno «stato creativo», per sua natura metafisico, quindi sovraspaziale e sovratemporale, fuori sia dal passato che dal futuro – è più o meno lo stesso concetto che alcuni mistici , anche cristiani, designarono col nome di *creazione eterna*. A tale stregua, la creazione, è un fatto sempre presente e la coscienza può sempre ripercorrerla con l'attuarsi in stati, i quali – secondo il «principio d'immanenza» – costituiscono delle possibilità della sua natura profonda – del suo «chaos» – mentre sono dati nel mito cosmogonico sotto forma

---

[27] J. EVOLA, *La tradizione ermetica*, Mediterranee, Roma 1971, p. 54.

di   simboli, di dei e di figure e azioni primordiali»[28].

[28] *Ibidem.*

È così che ho sperato che fosse proprio la Scienza ad aiutarmi a riconoscere e codificare queste mie sensazioni che sono certo ogni uomo possiede, e sarà la Scienza stessa a rivelare queste facoltà e promuoverle in tutti gli uomini.

Gustavo Rol

3. Un universo interconnesso: le implicazioni filosofiche della nuova fisica.

Sono dunque due le sconcertanti realtà che la fisica contemporanea sottopone all'attenzione dell'altrettanto sconcertato pensiero filosofico che vuole (deve) interrogarsi al riguardo: se noi interferiamo con delle particelle esse mutano. Non solo, quando esse mutano lo fanno non localmente, screditando tutte le concezioni della fisica classica riguardo allo spazio-tempo.

Il quantismo, prendendo atto dell' assurdo comportamento delle particelle, il quale è *implicato* dall'atto dell'osservatore, di fatto ripropone un'indissolubile intreccio (*entanglement*), di soggetto e oggetto e, dunque, di «mente» e «materia».

Quello che sappiamo prima della misurazione di una particella, come si è precedentemente spiegato, non è nient'altro che una nuvola di probabilità nella quale la particella potrebbe trovarsi.

David Bohm volle trovare *cosa* guidasse questo comportamento duale e misterioso. Lo fece riformulando l'equazione di Schrödinger, che descrive il moto dell'elettrone, aggiungendovi un parametro fondamentale: il potenziale quantico. Il successo di questa intuizione risiede nel fatto che Bohm *implicitamente* introdusse il concetto di «sincronicità».

Secondo il fisico americano le particelle agiscono in sincrono con un potenziale quantico il quale, pur rimanendo invisibile e di fatto *noumenicamente* inconoscibile, guida e regola il comportamento delle particelle da un piano ulteriore o «parallelo». In questo quadro esplicativo il determinismo viene salvaguardato ma alla luce di un'ulteriorità del tutto inesplicabile meccanicisticamente.

> «Qui c'è determinismo ma si tratta di un determinismo ben diverso da quello Newtoniano in cui le cause devono sempre precedere gli effetti: in questo contesto le cause e gli effetti coincidono, e il determinismo in oggetto non è un meccanismo a orologeria ma un ordine di sincronizzazione delle cose, molto simile a un organismo vivente in cui tutte le sue parti agiscono in perfetta sintonia e dove la forma è il carattere unificante di tutti gli elementi intimi che compongono l'universo»[29].

---

[29] M. TEODORANI, *Entanglement*, cit., p. 41.

Questa nuova visione del mondo implica inevitabili conseguenze filosofiche: «Il metodo matematico di indagine dei fenomeni fisici è e resta valido, ma a livelli profondi la mente del fisico è costretta ad aprire anche a nuovi orizzonti del pensiero che si riallacciano in parte alla filosofia platonica e in parte alle religioni del mondo orientale»[30]. A tale proposito il celebre lavoro di Fritijof Capra *Il Tao della fisica* resta un testo classico di riferimento per lo studioso interessato al suddetto legame nello specifico:

«Negli ultimi decenni, gli esperimenti di diffusione ad alta energia ci hanno rivelato nel modo più straordinario la natura dinamica e continuamente mutevole del mondo delle particelle; la materia si è dimostrata capace di trasformazione totale. Tutte le particelle possono essere trasformate in altre particelle, possono essere create dall'energia e possono scomparire in energia. In questo contesto, concetti classici come «particella elementare», «sostanza materiale» o «oggetto isolato», hanno perso il loro significato: l'intero universo appare come

---

[30] *Ivi*, p. 39.

una rete dinamica di configurazioni di energia non separabili»[31] .

Un legame che ripropone una realtà non più duale ma interconnessa, armonicamente e sincronicamente:

«Una realtà che non può essere definita né soggettiva né oggettiva. Il mondo della materia e quello della mente sono talmente intrinsecamente interconnesse da formare un'unica totalità [...]. Eppure questo concetto non è affatto nuovo, ma risale a duemila anni fa quando la tradizione Tantrica del mondo Indù postulava una simile filosofia. In base alla filosofia Tantrica, la realtà non è altro che un'illusione, quella illusione che viene chiamata "velo di maya". Pertanto il principale errore che noi commettiamo nel non percepire questo velo illusorio è che noi percepiamo noi stessi come separati dal mondo che ci circonda. Questo è un regno in cui le leggi della fisica classica non valgono più, e rappresenta la meta ultima della fisica ma anche il maggiore scoglio: non si riescono ancora a trovare la metrica, il

---

[31] F. CAPRA, *Il Tao della fisica*, Adelphi, Milano, 1999,p. 96.

dominio geometrico e gli operatori matematici in grado di descriverlo formalmente»[32].

L'impossibilità descrittiva da parte del modello matematico portò lo stesso Bohm nell'ultima parte della sua vita ad interessarsi quasi esclusivamente ai risvolti filosofici delle sue scoperte. L'avvicinamento a Krishnamurti[33] non fece che incrementare questa sua attitudine marcatamente filosofica, inaccettabile per il mondo accademico a lui vicino, il quale rimasto saldamente ancorato alla visione newtoniana del reale, non poteva certo accettare un connubio fisica-filosofia o addirittura fisica-misticismo.

Secondo la concezione bohomiana le particelle non comunicano tra loro ad una super velocità, addirittura superiore a quella della luce, semplicemente «non sono mai mosse», non si separano mai, non hanno bisogno di spostarsi per raggiungersi, sono *già raggiunte*. Lo scienziato trasla questa evidenza dal mondo microscopico a quello macroscopico: gli stessi individui non sono entità separate

[32] M. TEODORANI, *Bohm...*, cit. p. 36.
[33] Cfr: D. BOHM – J. KRISHNAMURTI, *The Limits of Thought: Discussions between J. Krishnamurti and David Bohm*, Routledge, New York 1999.

ma estensioni di un'unica realtà fondamentale, come tante punte di un iceberg sommerso, che esteriormente sembrano separate ma in profondità sono saldamente connesse, anche se ciò risulta invisibile – per lo meno all'occhio meccanicista-newtoniano.

Se dunque i filosofi e i magi rinascimentali parlavano di *anima mundis*, la fisica contemporanea parla di ologramma universale, di campo del punto zero, di potenziale quantico e di ordine implicito. Ma anche il Cardinal Cusano parlava di «ordine implicito» mentre lo stesso Bruno parlava di *mens insita omnibus* e *mens super omnia*.

Se, secondo la visione di Bohm e Pribram, la vera realtà è a questo punto solo quella del potenziale quantico o campo del punto zero, la realtà che noi esperiamo, il mondo empirico, non è altro che un «ologramma», una proiezione, in sostanza qualcosa di assolutamente illusorio: «Ma la caratteristica più sconcertante del potenziale quantico implica che in sostanza la realtà obiettiva, nonostante la sua apparente solidità, non esiste»[34].

Nell'orizzonte scientifico *implicato* in tali riflessioni rientra anche la cosiddetta

---

[34] M. TEODORANI, *Bohm…*, cit. p. 36.

«Psicologia transpersonale»[35] confermando un fermento di studi trasversali che struttura, in seno al quantismo, un approccio gnoseologico dal carattere fortemente sincretista. Il celebre psichiatra italiano Roberto Assagioli è piuttosto chiaro sulla questione dell'illusorietà del reale:

«Lo stato di coscienza dell'uomo normale può essere chiamato uno stato sognante in un mondo d'illusione: illusione della realtà del mondo esterno quale lo percepiscono i nostri sensi; illusioni prodotte dall'immaginazione, dalle emozioni, dalle concezioni mentali. Riguardo al mondo esterno, la chimica e la fisica moderne hanno dimostrato come ciò che ai nostri sensi appare concreto, stabile, inerte, è invece un turbinare vertiginoso di elementi infinitesimali, di cariche energetiche animate da un dinamismo potente. Perciò la materia, quale appare ai nostri sensi e quale era concepita dalla filosofia materialistica, non esiste. La scienza attuale è giunta così alla

---

[35] Sorta negli Stato Uniti negli anni Cinquanta, tra i cui più celebri rappresentanti citiamo Abram Maslow, Stanislav Grof e Roberto Assagioli (che in parte la trascese fondando la Psicosintesi, "la quinta forza" dopo la quarta, la transpersonale appunto; anche se in realtà le differenze tra la quarta e la quinta non sono così marcate).

concezione fondamentale dell'India, alla antichissima visione spirituale secondo la quale tutto ciò che appare è *maya*, illusione»[36].

Ecco le sconvolgenti implicazioni ontologiche con le quali il pensiero filosofico deve oggi fare i *conti*. I vari esperimenti effettuati, le prove e le dimostrazioni sovra elencate impongono una riflessione tutt'altro che sommaria, un'intera risistematizzazione della concezione meccanicista della realtà. Quello che il quantismo sta svelando sconvolgerà per intero il rapporto dell'uomo con se stesso e col mondo circostante.

Il fisico olandese Hendrik Casimir con un celebre esperimento, riuscì a scoprire quella che viene anche chiamata la schiuma quantistica, ossia il campo del punto zero. Avvicinando due piastre a distanza molto ravvicinata Casimir vide che andavano soggette ad una pressione piuttosto anomala causata dall'energia del vuoto, il quale dunque, tutt'altro che «vuoto», contiene energia che entra in contatto con il restante quantitativo di materia ad esso vicino.

---

[36] R. ASSAGIOLI, *Lo sviluppo transpersonale*, Astrolabio, Roma 1988, p. 77.

Bohm stesso accostava il vuoto al *prana* della filosofia indiana, un'energia determinante proprio a livello materiale in quanto i due livelli sarebbero strettamente interconnessi e il materiale altro non sarebbe che il vuoto divenuto pieno o *esplicato* per usare un termine bohmiano, ossia l'invisibile reso visibile:

«Di fatto calcoli effettuati su quella quantità nota come "energia di punto zero" suggeriscono che ogni singolo centimetro cubico di spazio vuoto contiene più energia di tutta la materia conosciuta nell'universo, mentre modelli attuali di fisica teorica e di cosmologia prevedono che la cosiddetta «energia oscura» provenga direttamente dal vuoto e costituisca il 73% dell'energia prodotta dall'universo»[37].

L'energia che fuoriesce dal vuoto, cioè da un mondo implicato, è energia creativa proprio perché crea l'ordine esplicato, ossia quello materiale e questo processo, la trasmutazione dall'implicato all'esplicato, dal vuoto al materiale, prende il nome, nella fisica bohmiana, di «olomovimento». Il pensiero stesso secondo il fisico americano non sarebbe

---

[37] M. TEODORANI, *David Bohm...*, cit., p. 84.

altro che energia esplicata, cioè proveniente direttamente dall'ordine implicato, dal vuoto o come lo chiama Bohm «prespazio».

Tale entità non locale potrebbe anche coincidere con quello che per Jung era l'inconscio collettivo, cioè la sede degli archetipi da cui originano le sincronicità riscontrabili nel mondo esplicato, studiate a fondo non solo dal celebre psicologo svizzero ma anche dal Premio Nobel per la fisica Wolfgang Pauli, di cui Jung fu per un periodo terapeuta e in seguito amico e collaboratore[38].

Teodorani avvicina il prespazio oltre che all'inconscio collettivo di Jung anche al mondo delle Idee di Platone e sostiene che quando gli scienziati o gli artisti hanno un'intuizione geniale, o più semplicemente un'ispirazione, essi traggono quell'energia proprio dall'iperuranio:

> «Ma l'informazione risiede in un luogo come il campo di Planck, che rappresenta un po' il sistema di riferimento assoluto dell'Universo, una zona che accomuna tutto il creato e che può essere percepito solo nel corso di momenti di coscienza: i valori estetici, la perfezione della matematica, la bellezza e i sentimenti più sublimi fanno

---

[38] Cfr: M. TEODORANI, *Sincronicità*, cit.

parte della banca dati platonica che esiste sulla scala di Planck al momento in cui i nostri microtubuli, e le turbine al loro interno collassano. [...] Da dove credete che traggono il loro genio, certuni scienziati e artisti? Dalla loro capacità di fare buon uso dei momenti di coscienza. In sostanza sono delle «buone antenne» in grado di accedere a un regno superiore che, pensandoci bene, assomiglia molto all'inconscio collettivo di Carl Jung, e all'ordine implicato di David Bohm»[39].

Tutto ciò per altro palesa non poche affinità con le *peak experiences* della suddetta psicologia transpersonale, le esperienze culmine nelle quali si esperiscono stati di coscienza diversificati, i quali possono essere indotti volontariamente, con l'ausilio di tecniche specifiche (l'Esalen Institute nacque proprio per questo tipo di esperimenti) o involontariamente, pensiamo alle esperienze di pre-morte a tale proposito, di cui la Dott.sa Elizabeth Kübler Ross fu il più grande pioniere[40].

---

[39] M. TEODORANI, *Entanglement*, cit., p. 81.
[40] A tale proposito si veda il celebre E. KÜBLER ROSS, *La morte e la vita dopo la morte*, tr. it. di M. F. Sanguinetti, Mediterranee, Roma 1991

Il nuovo paradigma imposto dal quantismo dunque implica conseguenze anche al livello della psiche, a tale proposito lo psichiatra Pier Maria Bonacina nell'opera *L'uomo stellare* asserisce: «Affermare che la materia è energia e che tutto è interrelato, vuol dire avvertire la necessità di guardarsi intorno con occhi nuovi, con una nuova mente, con nuovo stupore, meraviglia ed entusiasmo. Vuol dire guardare con un nuovo interesse, nuova libertà e nuovi modelli interpretativi i processi del pensiero, delle funzioni psicologiche, della personalità, dell'identità»[41].

In conclusione interrogarsi sulle sconcertanti scoperte della meccanica quantistica significa non solo far dialogare linguaggi diversi, scientifico, filosofico e spirituale ma far coesistere visioni del mondo diverse, le quali, proprio nella coesistenza perdono la specifica diversità in favore di una più ampia e integrale prospettiva gnoseologica e ontologica.

Il pluripremiato Roger Penrose, emerito professore di matematica all'Università di Oxford e convinto sostenitore della realtà quantistica della coscienza, è perentorio nel dichiarare:

---

41 P. M. BONACINA, *L'uomo stellare,* Giampiero Pagnini Editore, Firenze 1998, p. 306.

«Mi sentirei portato ad affermare che non arriveranno risposte chiare a meno che non si vedano interagire tra loro questi mondi [il mondo mentale, il mondo fisico e il mondo platonico – o matematico]. Nessuno di questi problemi sarà risolto in isolamento da tutti gli altri. Mi sono riferito a tre mondi e ai misteri che li legano. Non ci sono dubbi che non ci sono in realtà tre mondi, ma uno solo, la vera natura del quale non abbiamo al momento visto nemmeno di sfuggita»[42].

Nel discusso e pluripremiato film-documentario sul quantismo *What the bleep do we know?!*, il cui titolo è già indicativo, si sostiene che: «Quello che sappiamo di sapere è un nulla in confronto a quello che sappiamo di non sapere ma quello che sappiamo di non sapere è un nulla ancora più grande di fronte a quello che non sappiamo di non sapere»[43].

Siamo solo all'inizio dunque, anche se forti di una ignoranza «dotta» per dirla col Cusano, un'ignoranza che è in realtà costante e infinita sete di sapere, spasmodico anelito gnoseologico che supera se stesso già nell'atto

---

[42] Citato da M. Teodorani in *Entaglement*, cit. p. 86.
[43] Cfr: W. ARNTZ - B. CHASSE - M. VICENTE, *What the bleep do we know?!* tr. it. di V. Valli, Macroedizioni, Cesena 2006.

di imporsi - proprio il superamento stesso ne è infatti la matrice dell'impulso primigenio, il soverchiare i limiti la facoltà precipua.

Secondo un proverbio sufi l'uomo è una coppa vuota e ciò è bene poiché una coppa vuota non può che riempirsi; è quello il senso della sua esistenza, non ha altri scopi all'infuori del riempimento.

Possiamo guardare alla meccanica quantistica come ad un'effettiva possibilità per riempire il (presunto) *vuoto* di conoscenza che costantemente tenta di sfidare l'uomo compromettendo la *probabilità* di essere se stesso.

Il compito del metafisico è di indagare la verità definitiva, ed egli non può essere chiamato a considerare altro, per quanto importante possa essere.

Francis Herbert Bradley

BIBLIOGRAFIA

R. ASSAGIOLI, *Lo sviluppo transpersonale*, Astrolabio, Roma 1988.

J. S. BELL, *Speakable and Unspeakable in Quantum Mechanics (Collected Papers on Quantum Philosophy)*, Cambridge University Press, Cambridge 1987.

M. BAIGENT – R. LEIGH, *L'elisir e la pietra. La grande storia della magia,* tr. it. di S. Lalia, Il saggiatore, Milano 2003.

D. BOHM – J. KRISHNAMU8RTI, *The Limits of Thought: Discussions between J. Krishnamurti and David Bohm*, Routledge, New York 1999.

D. BOHM, *Universo, mente, materia*, Red edizioni, Como, 1996.
 - *On creativity*, Routledge, New York 1996.

N. BOHR, *I quanti e la vita*, Bollati Boringhieri , tr. it. di Pyoung. Gulmanelli, Torino, 1965.

P. M. BONACINA, *L'uomo stellare*, Giampiero Pagnini Editore, Firenze 1998.

F. CAPRA, *Il Tao della fisica*, Adelphi, Milano, 1999.

P. DAVIES, *Dio e la nuova fisica*, tr. it. di M. Paggi, Mondadori , Milano, 1983.

M. DONA', *Magia e filosofia*, Bompiani, Milano 2004.

P. GUGGISBERG NOCELLI, *La via della psicosintesi*, L'Uomo Edizioni, Firenze 2011.

J. EVOLA, *La tradizione ermetica*, Mediterranee, Roma 1971.

E. KÜBLER ROSS, *La morte e la vita dopo la morte*, tr. it. di M. F. Sanguinetti, Mediterranee, Roma 1991.

G. LA PORTA, *Giordano Bruno. Vita e avventure di un pericoloso maestro del pensiero*, Bompiani, Bologna 2001.

K. PRIBRAM, *I linguaggi del cervello*, Franco Angeli, Roma 1980.

F. PULLIA, *Giordano Bruno tra Oriente e Occidente*, in "Testimone dell'infinito. Giordano Bruno 1600-2000", Atti del Convegno Perugia-Terni, Ali&No Editrice, Perugia 2004.

M. SGALAMBRO, *Anatol*, Adelphi, Milano 1990.

M. TEODORANI, *Sincronicità. Il legame tra Fisica e Psiche da Pauli e Jung a Chopra*, Macroedizioni, Cesena 2006.

- *David Bohm. La fisica dell'infinito*, Macroedizioni, Cesena 2006.

- *Entanglement*, Macroedizioni, Cesena 2007.

F. YATES, *Giordano Bruno and the Hermetic Tradition*, Routledge and Kegan Paul, London 1964.

E. ZOLLA, *I mistici dell'Occidente*, Adelphi, Milano 1997; M. ELIADE, *Trattato di storia delle religioni*, Bollati Boringhieri, Torino 2008.

- *Auree*, Marsilio, Venezia 1995.

- *Verità segrete esposte in evidenza,* Marsilio, Venezia 1990.

www.luciogiuliodori.net

www.luciogiuliodori.net

www.luciogiuliodori.net

www.luciogiuliodori.net